超级探险家训练营

CHAOJI TANXIANJIA XUNLIANYING

穿越原始森林

CHUANYUE YUANSHI SENLIN

知识达人 编著

成都地图出版社

图书在版编目（CIP）数据

穿越原始森林/知识达人编著.—成都：成都地
图出版社，2016.8（2021.11 重印）
（超级探险家训练营）
ISBN 978-7-5557-0453-9

Ⅰ.①穿… Ⅱ.①知… Ⅲ.①森林—普及读物 Ⅳ.
① S7-49

中国版本图书馆 CIP 数据核字（2016）第 210614 号

超级探险家训练营——穿越原始森林

责任编辑： 魏小奎
封面设计： 纸上魔方

出版发行： 成都地图出版社
地　　址： 成都市龙泉驿区建设路 2 号
邮政编码： 610100
电　　话： 028－84884826（营销部）
传　　真： 028－84884820

印　　刷： 唐山富达印务有限公司
（如发现印装质量问题，影响阅读，请与印刷厂商联系调换）

开　　本： 710mm×1000mm　1/16
印　　张： 8　　　　　　　**字　　数：** 160 千字
版　　次： 2016 年 8 月第 1 版　　**印　　次：** 2021 年 11 月第 4 次印刷
书　　号： ISBN 978-7-5557-0453-9
定　　价： 38.00 元

为什么在沼泽地中沿着树木生长的高地走就是安全的呢？"小老树"长什么样子？地球上最冷的地方在哪里？北极的生物为什么是千奇百怪的？……

想知道这些答案吗？那就到《超级探险家训练营》中去寻找吧。本套丛书漫画新颖，语言精练，故事生动且惊险，让小读者在掌握丰富科学知识的同时，也培养了小读者在面对困难和逆境时的勇气和智慧。

为了揭开丛林、河流、峡谷、沼泽、极地、火山、高原、丘陵、悬崖、雪山等的神秘面纱，活泼、爱冒险的叮叮和文静可爱的安妮跟随探险家布莱克大叔开始了奇妙的旅行，他们会遭遇什么样的困难，又是如何应对的呢？让我们跟随他们的脚步，一起去探险吧！

主人翁简介

史密斯爷爷

美国人，大学教授，科学家、探险家，喜欢周游世界。他风趣幽默，知识渊博，深受孩子们的喜欢与爱戴。

鲁约克

十岁的美国男孩，性格质朴憨厚，喜欢美食，但做事时意志力不强。

龙龙

十岁的中国男孩，聪明机智，活泼好动，对未知世界充满好奇。

安娜

九岁的美国女孩，史密斯爷爷的孙女，文静、胆小，做事认真。

目录

目录

引言

史密斯爷爷问孩子们："你们知道什么叫针叶林吗？"

龙龙和鲁约克抢着回答："我知道！我知道！"不过，龙龙还是挺有风度，让鲁约克先说。

鲁约克说："我在自然书上看过，针叶林中大多数是我们平常见到的松柏之类的树木。这些树木有一个共同的特点，它们的

1

叶子都是针状的。针状的叶子能减少水分的散失，对树木适应寒温带恶劣的气候环境有很大的作用。针叶树种不仅仅有松树、柏树两种，还有很多其他树种，这样的树木都能在原生针叶林中找到。"

安娜说："我以前只知道有针叶林，没想到这里面的学问那么大，还分好多种类别，看来啊，我这方面的知识真是太少了！爷爷，以后请您多多告诉我们，不要嫌我们问得太多了哦。"

史密斯爷爷露出慈祥的笑容："傻丫头，咱们外出，就是为了增长见识嘛，我怎么会烦你们呢？我喜欢你们多看、多想、多问，这才是爱学习的好孩子嘛。"

鬼精灵的龙龙兴奋地说："我知道啦，史密斯爷爷是准备带我们去针叶林探险吧？"

另外两个孩子也兴奋起来："真的吗？"

史密斯爷爷点点头说："大家赶紧收拾行李吧，记得带厚衣服哦，我们要去的地方可是很冷的。"

几个孩子很快就收拾好旅行所需的物品，准备跟着史密斯爷爷向原始针叶林进发。龙龙和鲁约克更是开心得不得了，期待在森林中能看到他们以前没有见过的动物和植物，拍摄一些照片，回来举办一次演讲报告会，向同学们展示一下自己的科学探索成果。

孩子们心里明白会遇到很多的困难与危险，但他们不害怕，他们有勇气去面对路上将会发生的一切，而且，有史密斯爷爷这位著名的探险家带队，还有什么可担心的呢！

第一章
去寒冷的北部地区

这次他们的目的地是针叶林。

针叶林中大多是寒温带植物，主要由云杉、冷杉、落叶松等一些耐寒树种组成。针叶林分为两种：明亮针叶林，主要是由落叶松组成的；暗

针叶林，主要是由云杉、冷杉等树种组成的。

因为针叶林分布最靠北方，所以针叶林的边界实际上就是森林的边界。在寒温带以北的地区，也有一些不同类型的针叶林，但面积却不如寒温带的针叶林面积大。

史密斯爷爷带领孩子们来到了中国大兴安岭的原生针叶林。安娜指着前面的那丛树木说："我知道，那一定是落叶松。"

大家都往安娜指的方向看过去，史密斯爷爷点了点头。鲁约克对安娜说："看来你对落叶松还是挺了解的嘛，那就请你给我们介绍一下落叶松吧。"

安娜笑了笑说："落叶松是这里的一个独特的树种，喜欢生活在阳光比较充足，但又不潮湿的环境中。这种树木的根系比较浅，这样就使得落叶松具有很强的生存能力，它们可以在永久冻土层上面生长，对土壤要求不高。"

龙龙正在注视着前方不远处的一棵落叶松，仔细观察落叶松的枝干、树叶，以及树下的土壤。龙龙突然看到两道影子，以为自己看花眼了，没想到原来是两只松鼠。它们一大一小，正在觅食，因为害怕成为猎人的猎物，所以听到有动静就慌忙逃走了。可能是过于专注，松鼠的出现使龙龙吓了一跳，大叫了一声。大家也吓了一跳，以为龙龙出了什么事，等发现龙龙没事，不过是一场虚惊，也就都笑

　　了起来。龙龙很抱歉，鲁约克开玩笑说："哈哈，在这原始森林里，你这样一惊一乍的，真会吓死人啦。没事就好！"

　　安娜说："松鼠是一种十分可爱的动物，体形小巧，聪明机智。不过它们的胆子很小，陌生人靠近的时候它们多半会选择逃离。这些小家伙们在原始针叶林里非常常见。它们平时最喜欢吃的就是松果了。"

　　听完安娜的话，龙龙开始关心起原始针叶林里的动物来，他转过头问史密斯爷爷："史密斯爷爷，你能给我们讲讲这原始森林里都有什么动物吗？"

　　史密斯爷爷说："想要了解原始针叶林里的动物群，我们先要了

解针叶林地带。由于纬度高，所以针叶林地带的冬天很长，而且特别寒冷，冬天的积雪很深很厚。夏天又特别短，并且很潮湿。再加上地面覆盖着很厚的苔藓地衣，灌木和草本植物稀少，因此动物们的生存条件不如其他森林带。"听完他的话，孩子们都点了点头，这与热带原始森林的差别也太大了。

史密斯爷爷接着说："生活在针叶林的动物群，包括大部分苔原带动物，比如我们常见的驯鹿、北极狐等。冬天，这里天寒地冻，白雪遍野，但这些动物都能很好地生存。当然，不同的动物有不同的越冬方式，有的动物会冬眠，或者迁徙，来熬过一年中最寒冷的日子。代表性哺乳动物有驼鹿、貂、松鼠、花鼠等；鸟类有松鸡、榛鸡、三趾啄木鸟等；爬行类动物十分少。"

孩子们明白了每一种气候类型都会有相对应的动物植物适合生存，这是物竞天择、适者生存规律的体现，人类也是如此。

鲁约克提出了一个很有意义的问题："史密斯爷爷讲过，热带雨林是'地球的肺'，但热带原始森林被严重破坏，针叶林面临的威胁又是什么呢？"

　　史密斯爷爷很欣慰孩子们能考虑森林的未来："我们首先要建立起地球生态的观念，大自然中的每一部分都是地球生态不可分割的组成部分，哪一部分遭到破坏，对整个地球生态的影响都是极大的。

　　"高纬度的森林木材资源、矿石资源都特别丰富，然而伐木、采矿猖獗，石油以及天然气公司正在砍伐大片森林，他们砍伐树木的速度和数量，远超过森林生态所能承受的限度。加拿大就是这样，森林面积正在快速减少。"

　　史密斯爷爷又说："森林被破坏，对森林中的动物影响最大，因为觅食、栖息地没有了，动物就没有办法生存。起初是动物数量急剧减少，最后就是动物种群的灭绝。另外，森林遭到破坏，也会严重影响地球大气的质量和当地的生态环境，所以保护好森林，也是保护自然生态环境的重要部分，这对我们人类来说真是太重要了。"

第二章
神秘的神农架野人

"接下来我们要去中国湖北的神农架山区，那里风景优美，还有各种各样的动物，十分有意思。"这天的旅程一开始，就听见史密斯爷爷这样对大家说。

"那个地方有什么特别之处呢？"安娜问道。

史密斯爷爷说："那里山高谷深，有丰富的物种，珍稀动物、植物数不胜数。那里的生态环境一直保持得很好，所以成为了人们研究动植物最理想的地方，很值得我们去看一看。"

"我听说神农架地区曾经有野人出没，有这回事吗，史密斯爷爷？"鲁约克迫不及待地问。

"传说有这回事，"史密斯爷爷回答道，"当地有很多人都说他们曾经看到过野人。但科学不相信传闻，没有来自野人身上的直接证据，因此这些说法也只好存疑。如果有照片或者录像之类的影像证据留下来，也能说明部分问题，总比口说无凭好！"

"这么说，这里有没有野人还不能确定喽？"龙龙问道。

"是啊，毕竟谁也没有拿出证据，能证明野人真实地存在着！"史密斯爷爷说。

"爷爷，野人究竟是一种怎样的生物呢？"安娜问。

史密斯爷爷说："野人是一种未被证实存在的高等灵长目动物，直立行走，智力比猿类高，具有一定的智能。较为正规的学术名称是'直立高等灵长目奇异动物'，身材和体魄都比人类要高大、健壮。野人是众多传说的神秘动物中最可能真实存在的一种，世界上好多地方都说发现过野人。不同地方有不同的称呼，如雪人、雪怪、大脚怪等。"

史密斯爷爷的一番话引起了几个孩子极强的好奇心，他们对野人这种物种的进化产生了很大的兴趣，于是纷纷向史密斯爷爷问

道："史密斯爷爷，人类在远古时期的祖先和黑猩猩的祖先是一样的，对不对？"

"是啊，"史密斯爷爷回答道，"怎么了？"

"我知道，黑猩猩和人类共同的祖先一部分选择直立行走，最终进化成了人类；一部分选择继续在树上生活，就进化成了黑猩猩。那么，与人类十分相似的野人又是怎么进化出来的呢？"鲁约克好奇地问道。

"这个问题至今在科学界还没有定论，"史密斯爷爷告诉他，"古人类学认为野人如果存在，很可能是远古智人进化到现代人之间缺失的一环，有生物学家将其分类为人科人属智人种，与现代人类有最近的亲缘关系。不过，野人还从来没有被证实存在。"

"野人还真是很神奇呀！看来，野人肯定是在进化的时候和人类选择了不同的生活道路，才进化成了不同的物种！"龙龙感慨地说道。

　　"是啊，生物进化的过程是十分复杂的，虽然现在的生物学十分发达，可是，生物进化中的很多现象我们目前还是无法解释的，这就需要我们不断发现、不断探索。"史密斯爷爷对大家说。

　　"我们在神农架是不是会遇见野人呢？"鲁约克问道。

　　"这可说不定，"史密斯爷爷回答他，"因为谁都没有见过真正的野人长什么样子，有可能我们就会遇到传说中的野人。"

　　"我想，找寻野人的旅途一定非常有趣！"安娜说道。

　　"是啊，事不宜迟，我们赶紧

出发吧！"龙龙说道。

龙龙的提议很快就得到了大家的赞同，于是他们就兴致勃勃地踏上了旅途。周围的风景很美，青山绿树环抱，流水声和风声在他们耳畔奏响了一首愉快的乐曲，让几个人都感到十分惬意。他们看到不远处的树木在山峦上随风舞动着枝叶，从那密密的树林深处还不时传来一阵阵动物的叫声，这些叫声高亢而悠扬，显示出了这些动物的野性与生命力。动物的叫声夹杂在风声里传递过来，让他们听着都觉得很奇怪。那叫声像谜一样在吸引着这几个人，他们就这样在对野人的想象和对周围世界的无限好奇中开始了寻访野人的神秘之旅。

没过多久，史密斯爷爷和孩子们已经深入了树林里，树林里很幽静，只能听见隐隐约约的鸟叫声。周围似乎有一些野兽的模糊的影子，这些影子在他们的周围不停地闪现，让他们都十分好奇。是不是野人呢？大家一想到这里，都觉得很兴奋。不过，这些影子似乎对闯进这个地方的几个"不速之客"保持着警惕和戒心，它们不愿靠近他

　　们，只在他们眼前一闪，就远远地躲到了一边，因此史密斯爷爷和孩子们很难接近它们。

　　"这些影子是野人吗？"安娜问道。

　　"很有可能！"鲁约克肯定地说。

　　"孩子们，你们的想象力太丰富了，"史密斯爷爷对他们说道，"野人还是很少见的，在这里生活了几十年的居民也只见过他们一两次，我们刚来到这里就看到他们的概率是微乎其微的。"

　　"那这些身影会是什么呢？"龙龙问道。

　　"那很可能是山里的珍禽异兽，"史密斯爷爷说道，"神农架山区自然条件优越，动植物种类丰富，有珍禽异兽的存在毫不稀奇。"

　　"那我们有机会看到野人吗？"安娜问道。

　　史密斯爷爷回答说："可能性太小了！野人是可遇而不可求的。

　　你们是太想见到野人了，所以把其他动物当成了野人。很多人都说见过野人，其实只是把棕熊当作传说中的野人了。"

　　"棕熊和野人在形体上不是差别很大吗？他们为什么会把棕熊当成野人呢？"安娜问道。

　　"那是因为棕熊有时会用后肢站立起来，还能走几步，这是它们被误认作野人的一个原因。"史密斯爷爷笑着说，"另外，棕熊的体形十分高大、强壮，这一点也和传说中的野人不谋而合。还有关键的一点，就是一般的目击者以为自己发现了野人时，心中往往太过恐惧慌乱，根本顾不上细看，甚至不敢细看。而真正的古生物学家又没有时间和机会去彻底查看，所以这事才一直悬而未决！"

　　"那我们就去看棕熊吧，"龙龙提议，"我觉得这里的棕熊会有很多呢！"

　　"你还想去看野生的棕熊？太危险了！"史密斯爷爷连忙阻止道，"野生的棕熊饥饿时脾气十分暴躁，是一种很危险的动物。我们老的

老，小的小，遇上了哪能逃得掉？没有遇见野生的棕熊就是万幸，怎么还敢主动去招惹呢？"

"可是，我们的探访野人之旅究竟要怎么进行呢？"安娜问道。

"我们还是像来到这里的其他科学家一样，仔细地寻找野人存在的证据吧！"史密斯爷爷对大家说。

野人

野人是一种神秘的物种，至今还没有确凿证据证明它们真实存在。不过，近年来，在世界上很多地方都发现了野人的行踪。有人发现了野人的毛发，也有人拍下了野人的脚印。尽管有这些证据，人们还是无法证明野人真的存在。野人至今是一个谜。

第三章

东北虎的领地

这天，三个孩子争着看一本漫画书，史密斯爷爷过来一看，是一本介绍东北虎的书。看来，三个孩子对东北虎都非常感兴趣。于是，史密斯爷爷来了兴致，决定带着几个小家伙去见识一下真的东北虎。要想看东北虎，那一定要去西伯利亚了，因为那里的东北虎是最多的。

于是史密斯爷爷慢吞吞地说："东北虎是

一种珍稀动物，生活在寒温带的冰天雪地当中，以森林中的各种动物为食，是中国及西伯利亚地区最为凶猛的动物。你们对它感兴趣也是正常的。"几个小家伙都使劲地点了点头。

史密斯爷爷继续说："但是，东北虎的领地可不是想去就去的。如果要去的话，就要先了解它们，熟悉它们的生活习性，这样才能保护好自己，不被它们伤害。如果我们对东北虎一无所知，说不定就会被它攻击伤害。你们知道多少东北虎的知识？如果你们知道得多，有能力保护自己，爷爷就带你们去。"

几个小家伙只好绞尽脑汁地搜索脑海里关于东北虎的知识。

鲁约克先说："我没有见过真正的老虎呢，只有我的这个小老虎一直陪着我。"说着还伸手摸了摸自己的小玩具老

虎。他接着说："如果能一睹东北虎的风采，我就没白来了。史密斯爷爷，我先谈谈我对东北虎的认识吧。"

鲁约克想了一下说："东北虎呢，也叫作西伯利亚虎，生活在亚洲东北部。对了，是俄罗斯西伯利亚地区、朝鲜和中国东北地区……让我再想一想啊……"

"嗯，还有呢？"史密斯爷爷问。

看史密斯爷爷鼓励的眼神，鲁约克挠了挠小脑袋，继续说："东北虎是现存体重最大的猫科动物，一般的都在300～450千克，我们几个人加起来都没有它重。雄性的东北虎可能要更大一些，身体长约3米，只尾巴就有1米多长，比史密斯爷爷的胡子长多了。看起来真是强壮无比。东北虎的毛色鲜明美丽，夏天时为棕黄色，可是到了冬天，就变成淡黄色了。东北虎还有一个美称，叫'丛林之王'。知道怎么

得名的吗？那是因为它的前额上数条黑色横纹中间被串通在一起，看上去就像一个'王'字。最重要的是，东北虎属于国家一级保护动物，所以我们必须要保护好它们。"

鲁约克能说出这么一番话，看来对东北虎还是有一定了解的，但史密斯爷爷还是不满意，又把目光投向了龙龙。

龙龙说："东北虎的耳朵特别圆，背部和体侧具有多条横列黑色窄条纹，通常2条靠近呈柳叶状。

龙龙继续介绍："东北虎主要栖居在森林和野草丛生地带，没有固定的住所，不喜欢群居。它的食物主要是野猪、马鹿等。它白 天在树林中睡觉，到了晚上或者黎明时就出来觅食了。东北虎很凶猛，但一般不会主动攻击人类。只要我们不去招惹它，它就不会

伤害我们。"

　　史密斯爷爷严肃地瞪了龙龙一眼，龙龙装作没有看见，继续说："东北虎行动迅速，我没有亲眼见过，可是书上都是这么讲的，我真想亲眼去看一看！还有，还有呢……"龙龙似乎是想起了什么，语调有些激动，"东北虎还会游泳，还会爬树，真是了不起啊！东北虎主要吃一些大型的哺乳动物，比如鹿、羊之类，偶尔也吃一些小哺乳动物。哎呀，好想去看一看啊！"

　　龙龙几乎每介绍完一句都会说上一句"好想去看一看啊"，可史密斯爷爷就是不理睬他，要他继续往下说。

　　龙龙看史密斯爷爷还没有表态，便拿出最后一招，跺了跺脚，继

续说："因为东北虎的栖息环境被人类破坏了，还有好多狠心的猎人在捕杀它们，所以数量不多，仅有500只左右！主要分布在俄罗斯远东地区和中国东北的山林中。我们要好好保护东北虎。嗯，我的话说完了，我知道的就这么多了。史密斯爷爷该带我们去看一看啦！您不是常说'只有亲身体会，才会了解得更多'吗？您就带我们去吧！"龙龙使劲拉着史密斯爷爷的胳膊，开始耍赖。

　　史密斯爷爷想了一会儿，推了推他的老花镜，说："安娜，你呢，你也说说看吧。爷爷说话要算话，你们每个人都要有所了解，万一我们在森林里走散了，碰见东北虎了，你连它长什么样子都不知道，还怎么观看它啊。来，说说吧。"

安娜一直都是个乖巧的孩子，所以史密斯爷爷对她说话的声音也特别温柔。听到史密斯爷爷这么说，龙龙和鲁约克对视了一眼，都冲着对方笑了笑，知道有门了。

　　安娜说："东北虎的爪子锋利无比，就像我们吃西餐时用的餐刀一样，它的爪子是撕碎猎物时不可缺少的'餐刀'，也是它赖以生存的有力武器。东北虎还长着一条钢管般的尾巴。它捕捉猎物时，常常悄悄地潜伏在灌木丛中，一旦目标接近，便'嗖'地蹿出，扑倒猎物，咬断它的喉咙。"

安娜说到这里，心里不禁一阵发抖，说："爷爷，我真的很害怕，我，我也不知道多少，你放心吧，到时候我不会乱跑的，我就跟着你，好不好啊，爷爷？"

史密斯爷爷轻轻地拍了拍安娜的头，说："放心吧，有爷爷在，不要害怕。"又抬头看了龙龙和鲁约克一眼，说，"你们两个还愣着干吗，赶紧收拾东西准备出发了，我们下一站就去东北虎的领地——西伯利亚。"

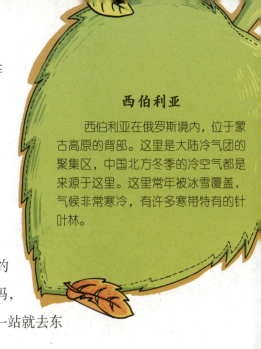

西伯利亚

西伯利亚在俄罗斯境内，位于蒙古高原的背部。这里是大陆冷气团的聚集区，中国北方冬季的冷空气都是来源于这里。这里常年被冰雪覆盖，气候非常寒冷，有许多寒带特有的针叶林。

第四章
来到西伯利亚

"啊，终于到达西伯利亚了，哎呀，我终于能一睹东北虎的风采了。"鲁约克激动地说，张开双臂感受着早晨的阳光，同时呼吸着这里的新鲜空气。

安娜也不再害怕了，一路上有龙龙和鲁约克跟她说笑，还有史密斯爷爷的开导，现在又呼吸着这里的新鲜空气，感觉心情舒畅了许多。

"你们知道西伯利亚为什么会这么寒冷吗？"只听史密斯爷爷问道。

　　"首先因为西伯利亚的纬度较高，太阳无法直射，所以这里较为寒冷。还有，北方的北冰洋冷空气对这里也有很大的影响。最后，这里的地形是高原，海拔较高，海拔越高的地方也就越寒冷。"龙龙不假思索地说道。

　　"看来你们对西伯利亚了解得不少，不过你说的还不全面，下面爷爷就给你们具体说一说西伯利亚的情况吧。"史密斯爷爷摸了摸

他的胡子，轻轻地捋了捋，继续说："'西伯利亚'的意思是'宁静的土地'，也有说法认为是'鲜卑利亚'，就是鲜卑族人的土地。龙龙，在你们中国的古地图上，西伯利亚则被称为'罗荒野'。'西伯利亚'这个名称来于蒙古语'西波尔'，意思是'泥土、泥泞的地方'。后来俄罗斯人来到这个地方，把名字翻译成了'西伯利亚'。现在你们知道这个地名的由来了吧？"

史密斯爷爷说完，便跷起了二郎腿，准备休息一下，见三个小鬼都在认真听着，心中很高兴，于是又问："孩子们，你们还知道西伯利亚其他的情况吗？"

几个孩子摇了摇头，史密斯爷爷便又开始讲：

"西伯利亚地广人稀，物产丰富，在西伯利亚的森林中有很多有特点的动物和植物。

　　"西伯利亚高原的最高处，就是神秘的普托兰纳高原。当地的居民是埃文基人，'普托兰'在他们的语言中的意思是'峭岸湖王国'。站在最高点上，方圆几百里的美景都能尽收眼底。

　　"水流沿着陡峭的谷壁倾泻而下，形成了一道道美丽的瀑布景观。在这里呢，鹿是最珍贵的财产。人们可以骑着鹿前行，还会把鹿套在雪橇上拉雪橇。鹿皮还能用来缝制温暖的衣服和鞋子，也可搭盖帐篷来居住，鹿肉更是当地最鲜美的食物。"

　　史密斯爷爷正说得带劲，鲁约克却觉得饿了，肚子还咕噜咕噜叫了两声。史密斯爷爷扔给他一包薯片，说："天气冷，饿得快，待会儿就带你们去吃饭！在这里，吃饭不只是温饱问题，还是防寒生存问题。有一句老话：'天寒冻不死吃饱的人。'趁你吃这包薯片的工夫，我再讲几句，之后就带你们去吃东西。"

史密斯爷爷一旦讲起来，就滔滔不绝。几个小家伙只好继续听爷爷说，毕竟这些知识还是很有意思的。

史密斯爷爷继续说道："这个地方可是有很多资源的，比如说，土地资源、能量资源、矿产资源，呵呵，还真是个风水宝地呢。"

"哦，对了，"史密斯爷爷一拍脑门，说道，"差点忘了说最重要的知识了！这里有一颗明珠，你们知道是什么吗？就是贝加尔湖。贝加尔湖是世界上最深的湖，也可能是最古老的湖，已经有2500万年的历史了。它里面汇集了将近全世界四分之一的淡水储量。湖水清澈透明，普通的白盘子在贝加尔湖约40米深的水下依然能够看见，可见湖水有多么清澈。贝加尔湖中生活着约1850种动物和约850种植物，其中很多种都是这里特有的。"

史密斯爷爷正说得起劲，鲁约克那不争气的小肚子又叫了起来，他只能无奈地站起身来说："走吧，我们去吃饭！。"

"哦，哦，太好了，去吃美食了！"几个孩子像小鸟一样，叽叽喳喳地向前跑去。

第 5 章
澳大利亚丹特里的原始森林

"史密斯爷爷，我们今天要到哪里去探险呢？"一大早，龙龙就兴致勃勃地来到史密斯爷爷面前，问他道。

只见史密斯爷爷伸了个懒腰，用慈爱的目光看着龙龙说："我们今天去澳大利亚丹特里的原始森林吧。"原来，史密斯爷爷早晨突然接到澳大利亚一个老朋友家人的电话，说是老朋友生病了。但他又不能将几个孩子扔下，便决定带着他们一同前往，正好去澳大利亚的原始森林探险。

"澳大利亚，太好了，那里是一个充满了神秘未知事物的地方，我早就想去看看了！"鲁约克感慨道。

"澳大利亚的自然环境十分独特，我也想去看看，可是我一直有一个疑问。"安娜说道。

"哦？什么疑问？"史密斯爷爷问道。

"澳大利亚是个发达国家，发达国家的城市化程度一般都比较高，很多原野、农田都变成了城市，那澳大利亚是怎么把原始森林保存下来的呢？"

"这就要从澳大利亚开发的历史讲起了，"史密斯爷爷说道，"澳大利亚是一个地广人稀的国家，那么大的一块大陆，人口只有两

千多万，而且大多是移民，真正的土著人已经很少了。"

"真是不可思议呀，原来澳大利亚也是一个移民国家！"安娜感慨道。

"然后呢？"龙龙好奇地问道。

"澳大利亚处在南半球偏僻的一角，世界上其他地区已出现高度发达的文明时，澳大利亚这块大陆上还少有人类的足迹。直到欧洲地理大发现时期，澳大利亚才走进了人们的视野。最先来到这里的是英国人。在很长的一段历史时期里，澳大利亚都是英国的殖民地。当时，澳大利亚还很不发达，英国人就把犯人流放到这里，因此，这些犯人就成了澳大利亚最早的居民。"

"真是太不可思议了！"龙龙说道。

"是啊，"安娜也附和，"没想到澳大利亚居然曾经是流放犯人的地方。我觉得，流放犯人的地方应该很落后才对呀，那澳大利亚的产业究竟有哪些呢？"

"主要是采矿业和畜牧业，"史密斯爷爷说道，"澳大利亚地广人稀，适合大规模放牧，从殖民时代开始就是这样了。"

"那我们今天要去的丹特里原始森林究竟在什么地方呢？"龙龙问道。

"在澳大利亚的中西部，"史密斯爷爷回答，"澳大利亚大陆的东边有一座高大的山脉，它阻挡了来自海洋的水汽，在澳大利亚大陆的东南部边缘形成了温和多雨的气候。澳大利亚大部分的城市和人口

都集中在东南沿海地区，而广阔的中西部地区，由于气候干旱，不适合人类生存，所以人口稀少，也因此保留下了大量的原始森林。"

"那我们赶紧去看看吧！"龙龙说道。于是几个人到达澳大利亚知乎，就乘坐着热气球向丹特里原始森林出发了。

在高空中，几个人惊讶地看到，他们脚下是一片雾气迷茫的世界，恍如仙境一般。直到一阵风吹来，把雾气吹散了，才露出了郁郁葱葱的树林。这时，几个人看到，他们来到的这个地方简直就是绿色的海洋。满眼的绿色随着山势的起伏呈现出微微的曲线，仿佛海里的波浪一样。这么一大片的绿色无边无际，在几个人的眼前蔓延开来，根本看不到边。几个人都被出现在自己眼前的景色深深地震撼了，陶醉在这一番美景中不能自拔。

"森林中为什么会起雾呢？"这时鲁约克问道。

"雾气产生的条件是要有充足的水汽和适宜的温度，"史密斯爷爷说，"森林中有大量的树木，能保存一定的水分，所以这里的空气会很潮湿。同时，森林里太阳的蒸发作用也很弱，空气湿度大，容易形成雾气。"

就在这时，几个人惊讶地发现，树林上空好像有几只鸟飞了起来，因为离得远，所以看得不很真切，但他们能清楚地感觉到，这些鸟儿的体态很轻盈，飞翔的姿态很美。这在三个孩子的脑海中留下了鲜活的印象，使他们对于这片茫茫的森林产生了无限的遐想。这些灵动的鸟儿在几个人的眼前画出一道轻盈的弧线后，就迅速地消失在密林中了。不过，阵阵

的鸟叫声还是不时地传来，几个人都觉得，刚才和他们打招呼的那些
鸟儿仍在附近，并没有离开。

"爷爷，我们赶紧下去看看吧！"安娜说。

"好啊，"史密斯爷爷笑着说，"不过，你们可要注意安全啊，
这里的动植物很多都是我们没有见过的，可能对我们有害！"

"知道了，史密斯爷爷（爷爷）！"三个孩子愉快地回答道。

几个人来到丛林，眼前的景色让他们激动不已。四周全都是高耸
入云的树木，抬头望去，满眼都是绿色，仿佛掉进了绿色的海洋中。

"史密斯爷爷，这些树木究竟生长了多少年呢？"鲁约克问道。

"这里的树木大概都有几百年的树龄了，"史密斯爷爷说，"刚发
芽的小树苗跟小草差不多高，只有经过上百年的时间，才能长成参天大

树。所以我们看到的这些美景，是大自然努力了几百年才有的成果。"

几个人一边前行，一边开始欣赏风景。这时，安娜感慨道："太美了！"龙龙说："我们往前走走，看看有什么新发现吧！"

他们便开始往前走。一路上，任何风吹草动都令他们格外好奇。他们惊讶地发现，在他们的眼前，晃动着几个动物的身影，这令他们十分震撼。看体形、身影，似乎是野猪，也有可能是其他大型动物。不过，这些家伙好像在有意地躲避他们，不愿与他们进行过多的接触。看到这种情况，史密斯爷爷赶忙告诉大家："这些动物都很凶猛，你们可千万别去追逐它们啊。"

一天的时间很快结束了，精彩万分的经历让史密斯爷爷和几个孩子都觉得非常有意思。

第六章

一起去西双版纳

"史密斯爷爷，我们接下来要到什么地方去呢？"这天一大早，鲁约克和龙龙就早早地来到了史密斯爷爷住的地方。

"哈哈，这回我们还要继续返回中国，因为我们在那里的探险还没有结束呢。"史密斯爷爷笑着说。

“啊！我们又要坐飞机了？”安娜听到这番话，不高兴地噘起嘴来。

“如果你到了那里，一定不会后悔的，因为那里被称为‘植物王国’，不但美丽，而且充满了挑战。”

“西双版纳！”龙龙惊呼道。

“真的吗？”鲁约克也发问，“早就听说那里的风景很迷人呢，很想去看一看，但一直没有机会。我从电视和书本上了解到，那里是一个特别奇妙的地方呢！”

“我们现在就去看看吧！”安娜激动地说，她开始对那里有些好奇了。

“别急，”史密斯爷爷说道，“我要先考考你们对西双版纳究竟了解多少。第一个问题，西双版纳在什么地方？”

“西双版纳位于中国云南的最南边，与老挝接壤。”龙龙

不假思索地说。

　　"那里的气候又是怎样的呢？"史密斯爷爷接着问。

　　"全年高温多雨。"只听安娜很有把握地说。

　　"嗯。"听了两个人的回答，史密斯爷爷满意地点了点头。

　　"那么，西双版纳最著名的民族以及该民族的传统节日是什么呢？"史密斯爷爷接着问。

　　"傣族，泼水节！"鲁约克回答道。

　　"看来你们对西双版纳都有一定的了解，通过我刚才的提问，想必你们都对这个在中国云南最南边的有着泼水节的'植物王国'特别感兴趣吧！下面，我们就出发了！"史密斯爷爷兴奋地说。

　　"太好了！"听到史密斯爷爷的话，几个孩子全都欢呼起来。

　　几个人到云南后坐上了汽车，怀着愉快的心情踏上了去往西双版纳的神秘之旅。

　　在路上，三个孩子都感到很兴奋，他们不时地往窗外看，周围出现的每一道山岭、每一片树林都会令他们格外感兴趣。越往前走他们越感觉到，神秘的西双版纳似乎就在他们眼前。他们不停地往前张望，好像前面那片树林就是西双版纳似的。

　　他们驶入了一道山岭，这里的路是盘山公路，很曲折，路旁的树木也很多，遮天蔽日的，四周全是茫茫的绿色。这让几个人感到眼前一亮，他们都以为进入了西双版纳地区。他们抖擞精神，开始密切地注视着窗外的一切，生怕放过了哪一处好看的地方。但除了绿色之外，似乎什么也没有看见。只有一阵一阵不知从哪里传来的鸟叫声，透过车窗，传到了他们的耳朵里，让他们觉得自己正在进入一个神奇的世界。

山路随着山势起伏延伸着，森林也随着山势起起落落，仿佛蜿蜒的山路正在把他们引入一个新的世界，而那个新世界在几个人的心目当中都是妙不可言的。

渐渐地，他们来到了山顶附近，这一带的碎石很多，越往上走，树木越少。到了山顶，视野顿时豁然开阔了。

几个人回头看了看，上山的路依山势盘旋而上，就像蟒蛇一般，而且大多被山下苍茫林海所掩盖，就好像没有路一样。在前方不远的另一个山脚下，有一座竹楼。竹楼小巧别致，周围全是绿色的树林。几个人都忍不住欢呼起来，龙龙说："快看，竹楼！这说明

傣族人就在附近！”

　　“是啊，这说明，我们已经到了西双版纳了！”安娜兴奋地说。只见竹楼上方的炊烟袅袅随风慢慢地升起、消散了。

　　史密斯爷爷说：“傣族人靠山吃山，靠水吃水，我想，生活在竹楼里的人一定是以打柴为生的。傣族人能歌善舞，随口就能唱歌，而且歌曲和日常生活的联系非常密切。想想看，一位打柴的大叔从山上归来，一边行走在山路间，一边唱上一曲悠扬的山歌，这种场景该有多么美好啊！”

　　见史密斯爷爷说得这么陶醉，孩子们都心动了。“真的有打柴的大叔在山林里唱歌吗？”安娜问。

　　史密斯爷爷说：“你们竖起耳朵仔细听一听吧，没准真会听到傣族人的歌声哟！”

　　三个孩子便竖起耳朵，仔细听起来。但他们听到的都是悦耳的鸟鸣和风声，并没有打柴大叔的歌声。

　　“你们耐心一点，应该会听见的。”史密斯爷爷对他们说。

　　他们便又耐心倾听起来，终于隐隐约约地听到了歌声，又等了一会儿，歌声渐渐清晰起来，离他们越来越近了。

　　“太好了，原来还真有会唱山歌的砍柴大叔呀！”安

傣族

泼水节是傣族人民一年中最重要的节日，傣族也因泼水节而闻名于世。傣族人能歌善舞，他们的孔雀舞十分有名。

娜说。

但是，那位会唱山歌的大叔在哪里呢？几个人一直没有看见。

"那位会唱山歌的大叔肯定在山林中，或许就在我们附近呢！只不过树林太茂密，我们看不到他罢了！"安娜说。

这时，几个人看见前面的树林里有一个人影。看来，他就是那位会唱山歌的大叔，他们都兴奋不已。

第七章
原始森林里遭遇大象

"在西双版纳这块神秘的地方，我们会遇见什么呢？我对后面的旅途还真是充满了期待呢！"旅途一开始，安娜就这样说。

"我想，今天的旅行一定会非常精彩，"龙龙说，"西双版纳是一片十分神奇的土地，这里的动植物种类非常多，有'植物王国'和'动物王国'之称，我想，我们一定会遇到很多有趣的生物呢！"

"嗯，我也对今天的旅行充满了期待，"鲁约克点点头说道，"不过，我觉得西双版纳地区的动植物种类太多了，我们应该去看这里最有代表性的物种。"

"那是当然！"几个人都赞同地点了点头。

龙龙问史密斯爷爷："史密斯爷爷，西双版纳地区最有名的物种究竟有哪些呢？"

"我想，首先是大象，"史密斯爷爷说，"西双版纳地区是野象的栖息地，大象适合生存在这种雨量充沛、植物种类丰富的丛林中。西双版纳地区的大象十分有名，来这里玩的游客经常会见到大象成群结队地从他们身边经过，这种景象是西双版纳所特有的。"

"可以近距离地接触大象，实在是太不可思议了！"安娜说道。

　　"可是，我有点担心，"鲁约克说道，"这里的大象都是野象，没有经过人的驯化，性情应该都比较粗暴，我们去接近它们，难道不会有什么危险吗？"

　　"应该不会有什么危险吧，"龙龙说道，"西双版纳地区的原住民也有很多，这些人怎么没有受到大象的伤害呢？"

　　"大象可不是一种性情温和的动物，"听了龙龙的话，史密斯爷爷表情凝重地警告他，"所以我们千万不能随便接近大象。"

　　"为什么不能靠近大象呢？"龙龙问道。

　　"在以前，西双版纳的人口比较少，大象生活在密林深处，人们生活在树林的外围，人和象之间相安无事，互不干涉。可是近年来，由于人口的增长，人们需要开垦大量的土地来种植粮食，并且需要大

量的木材用作建材。于是，人们就开始大面积地砍伐树林，所以大象的栖息地越来越小。大象被逼无奈，就开始进入人类的领地，偷吃人们种植的庄稼，有时还闯进人们的房屋，甚至还有人惨死在大象的脚下。"

"天哪，太可怕了！"安娜忍不住说道。

"那人们是如何应对这种现象的呢？"龙龙关心地问道。

"人类被逼急了，有时也会对野象痛下杀手。不过，西双版纳成立了自然保护区，保护区能够对数量日趋减少的野象实施有效的保护，也能够尽量避免野象和当地居民发生冲突。"

"那我们赶紧去森林里看一看吧，或许我们会遇见野象呢！"龙龙饶有兴致地说。于是几个人就来到了丛林里。

还是像以前一样，树林中的景物使他们深深地陶醉了，满眼的绿色和鸟鸣，使他们感到进入了一个奇妙的世界。他们一边走，一边感

慨：“西双版纳真不愧是‘植物王国’和‘动物王国’呀！”

　　几个人发现，他们脚下每一个细小的地方都有数不清的草木挤在一起。这些草木有大有小，有高有矮，形态各异，令人眼花缭乱。

　　“爷爷，为什么在一个地方长着这么多种不同的植物，同种植物怎么不愿意生活在一起呢？”安娜问。

　　史密斯爷爷说：“同种植物对营养物质的要求都差不多，它们聚集在一起，就会把土地里的营养物质消耗殆尽，所有的同种植物都会枯死。所以，在森林里，只有不同种的植物才会聚生在一起。”

　　孩子们听后，便停下来仔细观察四周，发现确实是这样。

　　在绿叶丛中盛开着几朵艳丽的小花，是平时没有见过的。这里不仅有花，还有很多小昆虫，正过着惬意的生活。很多小飞虫对陌生人的到来没有察觉，还在飞来飞去。

"我们去看大象吧！"鲁约克大声说，他的提议得到了大家的一致同意，几个人一起走向前去。

一路上，他们仔细观察周围，生怕与大象擦肩而过，因为这里的树林太茂盛了。走了很久，突然听到一阵高亢悠扬的叫声，这叫声让几个人都感到很兴奋。是不是大象来了？几个人心中都这样盼着。

"动物的叫声会有特定的含义吗？"龙龙问。

"动物的叫声和人类的语言一样复杂，"史密斯爷爷说，"动物通过叫声来传递信息，交流感情。每种动物的叫声只有它们的同类才能听得懂。"

于是，孩子们就在疑问中继续他们的旅途，那叫声像幽灵一样不时地在他们周围回荡着，这让他们感到既兴奋又有点担心。

渐渐地，那高亢悠扬的叫声越来越近了，史

密斯爷爷让孩子们暂时停下来。因为他知道，离他们不远的地方就有一群大象在行动，但他们不能直接和大象打照面，否则大象很可能会伤害他们。于是他决定先等一等，看一看能不能摸清大象的行踪，然后再决定下一步的行动计划。

象牙

象牙在古代是一种珍宝，是很有名的一种制作工艺品的原料。世界上很多的艺术品都是用象牙雕刻而成的，一件象牙制成的古董往往价值连城。现在，大象成了保护动物，象牙买卖也被禁止了。

这时，他们发现，那高亢悠扬的叫声似乎离他们越来越远了，看来大象并不是朝着这个方向来的。几个人都松了一口气。

"孩子们，我们还是向前走，远远地看一眼野生的象群吧！毕竟机会难得。但我们只能远远地跟在象群的后面，慢慢地靠近它们。"史密斯爷爷说。

于是他们悄悄地向前走，生怕惊动了象群。后来，他们终于远远地看到了象群。

第八章
保护原始森林迫在眉睫

"原始森林可真是一个世界生物资源的宝库啊，我们在这里游览，真的学到了不少有用的知识！"安娜感慨地说道。

"是啊，我也觉得原始森林探险特别有意思，我真想跟着史密斯爷爷把世界各地的原始森林都走个遍呢！"龙龙说。

"原始森林可不仅好看，它最主要的贡献是保护了地球的生态环境！但原始森林正在遭受人们肆意的砍伐和破坏，在近一个世纪的时间里，全球原始森林的面积大大减少，大量的原始森林正在从地球上消失！"史密斯爷爷痛心疾首地说道。

"既然知道原始森林对全球生态系统有重要作用，人们为什么还要破坏原始森林呢？为什么不采取有力的措施来保护原始森林呢？"安娜不解地问道。

"人们对原始森林的认识，也需要一个过程。"史密斯爷爷说，"森林对于人们来说，就是财富。人们可以获得木材和燃料，利用森林里的动植物资源做成药材治病……于是，人们便对原始森林资源进行掠夺性开采，使得森林面积大大减少。现在，世界上已经没有多少原始森林了。"

"看来，保护原始森林还真是刻不容缓啊！"龙龙说道。

"难道就不能人造森林吗？用人造森林代替原始森林不行吗？"鲁约克问。

史密斯爷爷说："人造林不能和原始森林相提并论。原始森林中的动植物种类非常丰富，而人工林中

的动植物种类比较单一。原始森林中很多珍贵的物种都离不开原始森林的特殊环境，若原始森林不存在，这些物种就会灭绝，永远地从地球上消失。这对于人类来说是无法估量的损失。因此，原始森林一旦消失，就算种植再多的人造林也无法恢复这些已经灭绝的物种。"

"那么，面对原始森林被破坏的局面，我们现在能够采取什么措施呢？"龙龙又问。

"我们现在唯一能做的，就是减少对原始森林的进一步破坏，"史密斯爷爷说，"不过，要想做到这一点很难，因为在原始森林附近生活的人们一般都比较贫穷，只有依靠原始森林里的资源才能够生活，所以，他们不得不去砍伐森林里的树木，捕杀森林里的动物。"

"看来，保护原始森林的形势还真是很严峻呢！"安娜说。

"我觉得人们应该大量地植树造林，用人造林弥补、减少对原始森林造成的损失。"龙龙说。

"在很多时候，原始森林一旦被破坏，造成的损失就会是灾难性的，永远也无法恢复。"史密斯爷爷说。

"为什么会这样？"龙龙不解地问。

"原始森林一旦被破坏，这一地区的生态环境就会遭到彻底的损坏，而且很难恢复。比如，沙漠边缘的树林一旦被破坏，原本肥厚的土壤就会被风沙侵蚀，就算重新在这里种植树木，树木也无法在已经沙化的土地上生存下去。所以，保护原有的生态环境才是最重要的。"

"嗯。"听了史密斯爷爷的话，几个孩子都点头赞同。

"看来，我们一定要不遗余力地保护原始森林呀，应该限制人们在原始森林地区的各项活动才对！"鲁约克感慨地说。

"不是什么活动都要禁止，"只听史密斯爷爷说道，"人类应该走进原始森林，了解这里的情况，多做研究，才能让原始森林发挥最大的作用，更好地造福人类。"

正说着，他们来到了一处被破坏的原

始森林。这里到处是砍伐后留下的树桩，看起来触目惊心。这时，他们看到一群人拿着锄头等工具走了过来，把一个个树桩从土地里刨了出来，然后又把土地开垦成耕地，准备种植粮食。在不远处，一辆卡车正停在那里，大量被砍伐下来的树木被装上车子准备运走。他们对这一幕感到十分痛心。

"太不可思议了，难道人们就是这样对待原始森林的吗？"看到眼前的景象，安娜忍不住说道。

"所以，保护原始森林还有很长的路要走，"史密斯爷爷说道，"我们要做的还有很多很多，这需要我们每一个人的努力。首先，政府应当担起责任，禁止对原始森林的破坏，保护这里的生态环境，还要对生活在这里的居民进行安排，保证他们的生活。其次，商人们也不能唯利是图，应该抵制对原始森林里的木材等珍贵资源的买卖。最后，在这里生活的人们也需要认识到破坏原始森林是对子孙后代的不负责任，后来的人们必将为此付出惨重的代价。"

"仅仅是这些吗？如果在这里开辟旅游区不也很好吗？"安娜

保护区

　　保护区是人们为了保护某种特定的动植物而在一定范围内设立的区域。在这个区域内，人类的活动会受到限制，凡是不利于动植物的活动在这里都要被禁止。常见的保护区有动物保护区、森林保护区等。

说道。

　　"对呀，我也很想来原始森林里探险、旅游观光呢！"鲁约克说道。

　　"这倒是一个保护原始森林的好主意，"听了安娜的话，史密斯爷爷兴奋地说，"建设旅游区对保护原始森林来说很重要，现在很多地方都在做这种尝试，取得的效果还是很显著的。"

　　"保护区有什么好处呢？"龙龙问道。

　　"保护区可以供人旅游观光，在一定程度上能够增加当地居民的收入，对安排居民就业是有一定的积极意义的。"史密斯爷爷说道，"同时，保护区便于人们加深对原始森林的了解，使人们认识到原始森林的价值和意义，更好地利用和保护原始森林。"史密斯爷爷说。

　　"看来，人们应该建设更多的保护区呀！"龙龙说。

第九章
丛林中的吸血蝙蝠

"我们的下一站将是美洲的原始森林！"这天，史密斯爷爷对三个孩子说。

"我们这次的探险路程真的好特别啊，一会儿中国，一会儿澳大利亚，现在又要去美洲了，难道我们要把全世界的原始森林都走一遍吗？"鲁约克听了史密斯爷爷的话，忍不住说道。

"这样才有趣呀！我喜欢！"好奇心特强的龙龙开心地说。

走进美洲原始森林注定是一次冒险之旅，这个夜晚对这几个"旅行家"来说无疑是最有挑战性的一夜，因为他们遇上了传说中的吸血蝙蝠。

其实，天上也有月亮，只是茂密的丛林遮挡住了倾泻下来的月光。加上从丛林深处传来的声音此起彼伏，史密斯爷爷的心中有些打鼓，他并非害怕黑夜，只是……他忍不住看了看三个孩子。

"夜行动物有哪些，它们又有什么特点呢？"安娜问道。

"夜行动物有猫头鹰、蝙蝠等，狮子、老虎等大型猛兽也会在夜间行动。夜行动物的特点就是它们必须有夜视能力，也就是说，它们都可以在黑暗中看见东西。"史密斯爷爷说道。

　　突然，不知道从哪个角落里飞来了无数只鸟
状的动物，奇怪的是，这样一群鸟飞来竟没发出
一丁点儿声音，只能看见无数的翅膀在黑暗里叠影重重。经验丰富的
史密斯爷爷马上警觉起来，他们遇上暗夜的使者——蝙蝠了。三个小
家伙压根儿就没睡着，小小的动静让他们立刻就醒了过来。眼前奇丑
无比且异常恐怖的嗜血生物把他们吓了个半死，安娜尖叫着差点没昏
过去。

　　史密斯爷爷示意她尽量稳定下来，别弄出声音，因为吸血蝙蝠
并非靠它的视觉来捕杀猎物，也不是像其他普通蝙蝠一样仅依靠回声
定位。回声定位简单地说就是蝙蝠能发出高频声波，这种声波已经超
出了人类的听觉范围。当这些声波触碰到物体的时候，就会发出反射
波，蝙蝠收到反射波后就能迅速判断出猎物在什么地方。

　　吸血蝙蝠有更高级的"武器"来保证其生存。它们的脑中有一个
专门负责处理声音的区域，对动物睡眠时的呼吸声十分敏感，这使得
吸血蝙蝠能在远距离确定那些正在酣睡的大型动物的方位。

　　史密斯爷爷迅速简短地做了说明后，三个小家伙顿时毛骨悚然。

而这时他们还没有完全看清传说中吸血蝙蝠的面目。其实吸血蝙蝠身体都不大，只有几厘米，毛色呈暗棕色，眼睛大而空洞，非常吓人。它们还有尖钩般的利爪，细长的腿和前臂。

小冒险家们一直处在极度的不安和恐惧中。龙龙突然想到，几乎所有的动物都是害怕火的，那如果把篝火烧得更旺一些，这些吸血蝙蝠会不会就不敢靠近了呢？史密斯爷爷听了龙龙的想法后鼓励他这样做。事实上，有一种方法可以让这些蝙蝠迅速离开，那就是制造混乱的超声波干扰它们的信号。但此时此刻，他们的装备不齐全，把篝火烧旺一点似乎是最好的办法。

相持了好久，小冒险家们发现这群生物逐渐俯身下来，在1米左右的近地面上缓缓行动，但方向却不是他们所处的位置。他们还在惊讶为什么蝙蝠就这样无功而返的时候，暗夜精灵接下来的动作很好地回答了他们。原来，他们并不是这群蝙蝠的猎物。

蝙蝠小心谨慎地飞到离他们不远处的一头鼾声不断的野猪身边，在上空不断盘旋，寻找下手的机会，然后终于飞落在它身旁，悄悄爬到它的身上。在下嘴之前，吸血蝙蝠又闻又舔，并不急着咬破野猪的皮肤，而是用尖锐的利齿轻轻地将皮肤割破了一道浅浅的小口，然后又缩了回来，试探对方是否依然熟睡。那头野猪仿佛没感到疼痛，没被惊醒，仍然保持着熟睡的状态。

躲在暗处的冒险家们大气也不敢出一声，他们屏着呼吸观看吸血蝙蝠完成这一过程。这时候龙龙发现了一件奇妙的事，尽管吸血蝙蝠已经从野猪身上吸了很多的血，但是野猪不仅没感到疼痛，它的血液还仿佛流淌不尽似的。史密斯爷爷解释说，吸血蝙蝠的唾液中含有一种奇特的化学物质，能够防止血液凝固。动物被它咬后血液不会凝固，而是一直往下流，有时能够一直持续流血几个小时。

当这些成群的吸血蝙蝠一只接一只地酒足饭饱离开以后，小冒险家们都不愿意回去接着睡了。不仅因为不远处那头野猪未流干的血溢出来了一股生血味，也因为这群讨厌的动物取食后不久便排尿，留下的尿骚味。况且，他们受到惊吓的心仍久久不能平静。

于是他们坐了下来，要求史密斯爷爷给他们讲有关吸血蝙蝠的故事。这似乎并不是个很好的话题，但是史密斯爷爷仍是打开了话匣子。

"史密斯爷爷一开口，地球都要抖三抖。"调皮的鲁约克这样对他的小伙伴谈起了史密斯爷爷。

史密斯爷爷看了他一眼，说："世界上已知的吸血蝙蝠有三种，普通吸血蝙蝠、白翼吸血蝙蝠和毛腿吸血蝙蝠。这三种吸血蝙蝠都只生活在美洲。较为常见的普通吸血蝙蝠喜欢吸食哺乳动物的血液，而另外两种吸血蝙蝠喜欢吸食鸟类的血液。在所有的哺乳动物中，只有这三种吸血蝙蝠只靠吸食血液为生，这是由它们特殊的身理系统所决定的。除了血液以外，它们吃任何东西都会无法消化。刚才我们所见到的应该就是普通吸血蝙蝠。"

"它们是一群非常贪婪的动物，吸再多的血都不嫌多。一只吸血蝙蝠一次就能吸食超过自己体重一半的血液，食量是很惊人的。过去，只有少数生活在丛林地区的土著部落受到过吸血蝙蝠的侵扰。后来，人们大肆砍伐森林，破坏了蝙蝠的家园。它们便飞出来到处袭击人类，还会传播让人丧命的狂犬病。而大家都知道，狂犬病目前仍然

携带狂犬病病毒

是不治之症，病人会在惊厥、极度恐惧和高烧中痛苦地死去。"

听完史密斯爷爷的话，孩子们的心良久不能安定下来。

蝙蝠

蝙蝠是一种会飞的哺乳动物，它们的前肢已经演变成了会飞的肉膜。蝙蝠在中国古代被当作福运的标志。蝙蝠的视力不好，主要通过回声定位的方式来确定猎物的位置。

病毒由伤口进入体内

第十章
奇怪的食蚁兽

五大洲当中，美洲的纬度跨度最大，森林的种类也最多，从亚马孙热带雨林一直延伸到极北的北方森林，各自都有独特的魅力。

美洲大陆是个奇妙的地方，这里有很多稀有的物种，还有被列为世界遗产的失落废墟。印加文明、玛雅文明、贯穿南北绵延约9000千米的安第斯山脉吸引了一批又一批的探险家和旅游爱好者。

这不，睡眼朦胧的小家伙们就因为对美洲怀有的强烈好奇心来到了这片原始森林。此时他们不得不跟随史密斯爷爷的脚步踏上新的征程。结束了一段旅程即意味着开始

另一段新的旅程，史密斯爷爷总是这样教育三个孩子。

认真穿戴好之后，他们出发了。每个人头上都戴着一个特制的迷彩安全帽，因为头部和颈部是整个身体最重要的部位。

他们穿过密密麻麻的森林，自然也遇到了各种麻烦，有时候是灌木丛挡住了去路，有时候是荆棘缠身使他们找不到出路，但所有困难都没有阻碍到他们。

在途中他们也看到了一些熟悉的动物，大约走了一两个小时后，他们找了个地儿停下来休息。小安娜一边脱去

帽子，一边擦着热汗。龙龙和鲁约克则显得要男孩子气一点，他们也很累，但是不会像小安娜一样拿着小手帕在那儿娇滴滴地擦汗。

太阳光穿过密密层层的树叶，投射到地面上只剩下斑驳的影子。冒险家们休憩的时候，一只动物冒出来了，不幸的是，它不比昨天看到的那群怪物好看多少。这是一只体长2米左右，体重几十千克，体毛长而且坚硬的动物。小安娜彻底失望了。

可是史密斯爷爷却笑着告诉安娜："这种看起来不怎么美的动物全世界只有少数的人才有可能看到，因为它们只生活在美洲。这种动物叫食蚁兽，顾名思义，它们捕食蚂蚁为生，而且几乎只以蚂蚁为唯一食物。食蚁兽和我们昨天见到的吸血蝙蝠有一个共同点，就是食物来源单一且纯粹。我们眼前这只是大食蚁兽，大食蚁兽是完全的地栖者，且主要为昼行性动物。在人类的几何学中，三角形具有稳定性，大食蚁兽似乎也知道这条定律，当它们遇到危险时，就会用后肢站立，以尾或背作为支柱，形成三角形状，用前肢对敌。"

"这是一种嗜睡的动物，一天的睡眠时间长达14小时，醒来后就

走来走去找食物。很多人都想象不到，这样一种动物一天可以吃掉约3万只蚂蚁。

"美洲丛林和草原上生活的食蚁兽除大食蚁兽外，还有两种，分别是小食蚁兽和侏食蚁兽。

"小食蚁兽按地域又分为两种：南方小食蚁兽和北方小食蚁兽。南方小食蚁兽生活在包括整个巴西在内的南美洲大部分地区。与其他绝大多数食蚁兽一样，它们也没有牙齿，但长有锋利的爪子，能摧毁在雨林中嗅到的蚁巢。它们与同类之间最大的区别可能就是它们有可爱的外表——像大熊猫的幼崽。

"北方小食蚁兽分布在从墨西哥南部到厄瓜多尔和秘鲁太平洋沿岸森林中。它们最大的特点是舌头很长并且充满黏性，尾巴很秃，可以盘卷。最适于生活在有蚂蚁的丛林和森林地区。

"侏食蚁兽也被称为'姬食蚁兽'，同样生活在中南美洲，茂密的森林是它们的栖息地。自然界里很多看起来凶猛的动物基本上都不会主动攻击人类，过去，侏食蚁兽也不被视为一种有威胁的动物。但随着亚马孙雨林近年来不断受到破坏，侏食蚁兽失去了它们的栖息地，便开始报复人类。"史密斯爷爷一脸郑重地告诉小冒险家们。

　　"说到食蚁兽，人们一般都会想到我刚才跟你们说的这几种。但事实上，食蚁动物还有很多种，但都不是严格意义上的食蚁兽，它们除了吃蚂蚁外，也吃其他东西。"史密斯爷爷接着说。

　　"比如，在南美大陆上还生活着一个物种——犰狳。它们同样会利用锋利的爪子挖蚁穴，以蚂蚁为食，但它们也捕捉昆虫。犰狳动作缓慢、笨拙，外表傻乎乎的，却已经在地球上生存了五千多万年。然而今天，它们中的大部分都灭绝了，只有少数幸存下来。"

"除了美洲，各大陆也有各种食蚁动物，当然它们也都不是纯粹的食蚁兽。"史密斯爷爷说。

　　"生活在撒哈拉以南的土豚，喜欢独自生活在较深的洞穴中。它们极善于挖土，掘进速度快，几分钟内就能遁入土中。它们也常常在夜间出没，以爪子抓破蚁丘，用长舌粘白蚁充食。这也是一种非常懂得伪装自己的动物，像变色龙一样，它们会利用皮肤帮助自己与周围环境融为一体，进而避开一些可怕的大型捕食者的追踪。

　　"生活在澳大利亚的针鼹和袋食蚁兽也以蚂蚁为食物，针鼹栖息于灌木丛、草原、树林和多石头的半荒漠地区，白天隐藏在洞穴

中。它和刺猬一样，浑身长满刺，但在血缘上它和刺猬其实没多大关系。

"还有一种长相怪异的哺乳动物——穿山甲，多生活在山麓地带的草丛中或者潮湿的丘陵灌木丛中。它们挖洞居住，多筑洞于泥土地带。从它们生活的环境就能看出蚂蚁是它们的囊中之物。"

听了这么多食蚁兽的故事，小冒险家们获益匪浅。就在他们聚精会神地聆听史密斯爷爷的讲解时，刚才那只大食蚁兽已经找到了它的食物。

大食蚁兽用有力的前肢挖开蚂蚁的巢，再将它的长鼻子伸进蚁穴，用舌头舔食蚂蚁，慢慢地咀嚼。它在地面上的整个活动过程显得缓慢而笨拙，但是不可爱。

消灭掉一个洞穴里的蚂蚁后，大食蚁兽离开了，冒险家们又开始了他们漫长的旅途。

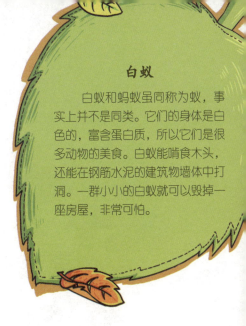

白蚁

白蚁和蚂蚁虽同称为蚁，事实上并不是同类。它们的身体是白色的，富含蛋白质，所以它们是很多动物的美食。白蚁能啃食木头，还能在钢筋水泥的建筑物墙体中打洞。一群小小的白蚁就可以毁掉一座房屋，非常可怕。

第十一章
高高在上的树懒

一场突如其来的暴雨把冒险家们困在了原始森林里，雨势很大，莽莽苍苍，浩瀚如绿海。

史密斯爷爷告诉小旅行家们，他们这是遇上热带雨林的暴雨了。亚马孙河下游全年湿度较高，年平均相对湿度达90%以上，降水充沛，多伴有雷雨，年降水量达1500～3000毫米。若不是有这么充沛的水量和充足的阳光，这里的植被也不会生长得这么丰茂。

瞧，这许许多多的高大笔挺的乔木，没有分枝。有些树的主干基部具有外露土面的板状根。雨林里还充满了藤。藤本植物有很好的生态适应性，它们可以自身缠绕而上，或以嫩枝卷绕支持物而上，或依靠卷须和吸根向上攀登。总之是以茎干为手段攀缘到光照充分的上层，迅速生长达到成熟。

　　史密斯爷爷指着远处那些错综复杂的植物说："热带雨林气候区中最引人注目或者说最'臭名昭著'的就是绞杀植物。这些植物依靠发达而庞大的网状根茎，可以把其他植物困在里面杀死。"

　　"还有那些附生植物，它们是热带雨林结构中一个特别的组成部分。"史密斯爷爷指着另一簇植物群说，"全世界共有约3万种附生植物。在热带雨林气候区，这类植物大约占植物种数的一半。这类植物具有迅速汲取和收储雨水的器官和组织。"

在热带雨林中每种植物的新陈代谢都非常快，因为雨林下的土壤因淋溶强烈，肥力不高，植物直接从林下凋落物层借助真菌获得营养，同时迅速补充落叶数量。

一时半会儿冒险家们是寸步难行了，所以他们索性静下心来好好休息。

暴雨来也匆匆，去也匆匆。不一会儿，太阳的脸露出来了，一切又回归平静。若不是大股大股的洪流淌过，听着山林中又重新响起的清脆的虫鸣鸟叫声，小伙伴们难以相信这儿刚经历过一场席卷而来的狂风暴雨。

突然，安娜发现盘虬卧龙的一根树干上有一只怪物。这是她继前天之后，第二次心脏承受不住打击而差点昏厥过去。"啊……"惊天动地的一声尖叫响彻山谷。龙龙和鲁约克有先见之明，及时捂住了耳朵。不过，当他们俩抬起头，看见树枝上那只倒挂着的动物时，也被吓了一跳。

对于身边震耳欲聋的大叫，这只动物岿然不动，依旧懒洋洋地吊在树枝上睡觉。

史密斯爷爷告诉孩子们："这是一种奇怪的动物，或者说是一种特别懒的动物更准确些。不信，你们看。"

说完，史密斯爷爷折了根长长的树枝，走到那只吊着的动物跟前，用树枝摇弄它的尾巴、腰部，甚至是它的头部，但那只动物表现出了一种出奇的懒，它甚至都懒得动一下。

史密斯爷爷也不再卖关子了，告诉他们："它有一个名副其实的名字——树懒。正如你们看到的一样，它是一种懒得出奇的哺乳动物，

什么事都懒得做，甚至懒得去吃东西，懒得去玩耍，能耐饥一个月以上。非得活动不可时，动作也是懒洋洋的，极其迟缓。就连被人追赶、捕捉时，也只是慢吞吞地爬行。

"它们每天有十七八个小时赖在树上悠然自得。生活在南美洲茂密的热带森林中的它们，一生少见阳光，极少下树，以树叶、嫩芽和果实为食，吃饱了就倒吊在树枝上睡懒觉，可以说是以树为家。非常巧合的是，它们不仅是严格的树栖者还是单纯的植食者。

"其实，最开始的时候树懒并没有这么懒，它只是行动缓慢，逐渐高度蜕化成树栖生活后，才丧失了在地面活动的能力。"

"史密斯爷爷，那它这么缓慢的速度，万一遇上了天敌可怎么办呢？"爱思考的龙龙提出了疑问。

　　"嗯，龙龙问得好。单从运动速度来说，陆地上几乎任何一种食肉动物都可以轻而易举地捉到它美餐一顿。但是任何一种生物要在自然界生存下去肯定有它求生的技能，树懒也是一样，它有独特的技能保护自己。树懒生活在潮湿的热带森林中，刚出生的小树懒体毛是灰褐色的，很像树皮的颜色，本身又懒得不得了，一动不动地趴在树上。因为长时间不动，树懒的身上长出了一种植物，这种植物依靠树懒呼出的二氧化碳存活，长得很繁茂，就像一件绿色的外衣把树懒包裹了起来，因此它们是很难被敌人发现的。树懒就是利用这种极巧妙的办法躲避了敌害的侵扰，一直存活了下来。"听史密斯爷爷说完，孩子们恍然大悟。

这时，三个小家伙的恐惧已经慢慢消除，加上强大的好奇心，他们蹑手蹑脚地向树懒靠了过去。只见这只睡着了的树懒，毛发蓬松而逆向生长，毛上附有呈绿色的藻类。"啊！"看着这种身体上生长植物的动物，小旅行家们情不自禁地发出感慨。

他们还发现这是一只三趾树懒。史密斯爷爷告诉他们："三趾树懒分布的范围比较广泛，从北边的洪都拉斯到南部的阿根廷，都可以看到这种树懒。还有一种二趾树懒，分布的范围要窄一些，只生活在尼加拉瓜到巴西北部的部分区域。"

鲁约克问："树懒喜欢什么样的生活环境呢？"

史密斯爷爷说："树懒一般生活在热带地区，那里的气温常年比较稳定。因为树懒自身调节体温的功能不是很健全，一般情况下体温保持在30℃左右。当环境温度下降的时候，树懒的体温也会跟着下

降，环境温度低于27℃时树懒便会出现发抖的现象。温度再低一些，树懒就会被冻死。"

雨过天晴，冒险家们选择静悄悄地离开。他们不忍心再打扰这只看起来依然奇怪，但无论怎样都厌恶不起来的动物。尤其是小安娜，她明白了任何一个物种要在这个世界上生存都是不容易的，自然界和人类社会一样都可能会存在着"以貌取人"的偏见，但是拨开表层之后，事物的内在才会真正地显示出来。

树懒

树懒是一种奇特的动物，长得和猴子差不多。它们一生中绝大多数时间都是在睡梦中度过的。人们观察到，这种动物可以倒挂在树上几个小时一动不动，所以它们才有了"树懒"这个名字。它们不是用脚来走路的，因为它们的脚根本不能走路。

第十二章
你看见卷尾猴了吗

在美洲大陆的原始森林里，龙龙和鲁约克背着旅行包，走在史密斯爷爷和安娜的前面。走着，走着，一行人发现已走进猴子的领地。

成群的猴子在树上嬉戏追逐，场面十分热闹。

"动物为什么会有领地意识呢？"龙龙发问。

史密斯爷爷说："动物的猎食、交配等活动都需要一定的空间，所以需要一定的领地。领地的争夺也就意味着各种生存资源的争夺，这也是由动物的生存和发展需求决定的。"

这时，史密斯爷爷已经知道三个孩子打扰了这群可爱的小家伙。所幸，猴子不是攻击性动物，不会主动袭击人类。在自然界里有一条不成文的规则，动物是有各自领地的，一般情况下，所有动物不会越界，当然这主要针对群居动物。

史密斯爷爷从旅行包里掏出小部分食物，放置在它们的脚边，然后往后退了好几步，他是在向猴子们表示他们并不是危险性动物。其实，生活在荒无人烟的原始大森林中，猴群不识人类；在靠近人群居住的地方，顽皮的猴子们通常是人类的好朋友，尤其是像龙龙和鲁约克这样的孩子。

在自然界里，动物们争夺的主要是食物，所以，史密斯爷爷抛出了友好的橄榄枝。猴王派出一只机灵的小猴去史密斯爷爷放食物的地方，小猴辨别出那是它们喜爱的食物后，顿时发出一声喜悦的叫声，猴群立刻兴奋起来，又回到了刚才活泼顽皮的状态。它们争先恐后地抢夺食物。

史密斯爷爷也露出了笑容，安娜也不再像前几次那样，发出各种惊叫，相反，她被猴子们的动作逗乐了。

安娜注意到这群猴都有一条长长的、能够卷曲缠绕的尾巴。史密斯爷爷赞扬安娜观察细微，并告诉他们这就是这种动物名字——卷尾猴的由来。它们主要居住在美洲的热带森林里，性情非常温顺。

瞧，有几只猴子因为没有抢到食物，面露忧愁。安娜第一次觉得

　　野生动物是有灵性的，它们也有像人类一样的情感，甚至觉得它们忧郁起来的样子非常酷。

　　尽管猴群对他们的偶然到来没做出任何过激的反应，史密斯爷爷还是带领着小冒险家们躲在隐蔽的地方观察它们，因为史密斯爷爷知道卷尾猴领地意识非常强烈，而且是一种高度敏感的动物。

　　对多数动物来说，并非一年四季任何时候都是收获季节。碰巧，史密斯爷爷和三个孩子探访森林的季节已过了大部分水果采摘的时令。虽然，在热带雨林中不乏植物，但卷尾猴总不能日日以树枝为食。所以，在收获季节之外，卷尾猴们怎样成功找到更多更丰盛的食物就大大地引起了这群冒险家的好奇心。

　　尽管史密斯爷爷告诉他们卷尾猴是猴子中智力水平较高的一类，智力类似于大猩猩，它们会使用工具捕食较大的动物。但百闻不如一见，他们可不愿意错过这样的良机。

　　中午的时候，他们看到一群卷尾猴在一棵树上面忙碌着。树上结了很多果实，几只猴子爬上树，把果实从树上扔了下来。果实先在地上滚了几个滚儿，然后突然发出爆炸声。随着这声巨响，从它的小孔中向四面八方喷溅出黏稠的汁液，汁液里夹带着种子，果实把它体内的种子喷了出去。群猴立即跳下树，一边欢快地叫着，一边捡食被喷出去的种子。

　　史密斯爷爷也不知道这种具有弹跳能力，落地就爆炸的果实到底叫什么，但大自然里闻所未闻的事物太多了。这种植物的果实在成熟过程中，内部贮存了大量的能量，待果实成熟后，能量膨胀就会产生很大的压力，一旦落地就爆炸。让他们吃惊的是，卷尾猴显然掌握了这种植物的特性，并成功获得了食物。

　　观察几天后，他们越来越佩服卷尾猴觅食的能力，与其说它们依靠高度灵敏的视觉获得了其他猴类看不到的隐藏在树上面的食物，还不如说是它们机敏的大脑帮助它们完成了这一过程。

　　它们甚至表现出了时间规划的观念。也许只是在长期寻找食物的过程中，它们才逐渐发现这样的规律：这段时间正是海水落潮的时候，大量的海底贝壳会暴露在沙滩上。卷尾猴会去沙滩边捡拾贝壳，然后在树枝上重击这些贝壳。森林里传来一阵阵敲击贝壳的声音，此起彼伏，听起来杂乱无章，但是冒险家们显然对此兴致勃勃，他们很高兴看到猴群用各种各样他们想不到的方法觅食。

龙龙的爸爸在不久前向他推荐了一部精彩的孤岛作品——《鲁滨逊漂流记》，他突然想，如果有一天他也被流放到了一个荒岛上，他能不能像鲁滨逊那样勇敢地生存下来，或者像他们眼前的这些可爱聪明的猴子一样找到各种乐趣。

　　他们密切关注着猴群的一举一动。热带雨林里生长着很多的胡椒树，它们折下树叶，把树叶汁涂抹在身上。小冒险家们很纳闷猴群为什么这么做。史密斯爷爷说："这可能是它们防蚊虫的一种方法，到了橙子收获的季节，它们也会采摘橙子，并把橙汁挤出来涂在身上。"

　　大多数时候，它们会互相给对方涂抹。所谓群居动物，其实并不

只是单纯地生存在一起，它们表现出来的往往是高度的群体合作意识和精神。

其实呀，卷尾猴有趣的地方还多着呢。冒险家们发现这些猴子有一个很大的特点，它们可以只睡一会儿，然后就连着好几天都不睡觉。这一点让三个孩子非常羡慕，史密斯爷爷也觉得匪夷所思，如果有一天人类也能达到这种程度，可以完成多少未完成的事啊。

经过几天的追踪，他们还观察到了卷尾猴几乎时时刻刻保持警惕性。美洲豹是猴群的敌人，奔跑速度能超过美洲豹的动物少之又少。有一天，一群卷尾猴正在寻找食物，突然发现一只美洲豹在远远地看着它们，并不断地向前靠近。群猴便迅速行动起来，但不是四处逃窜，而是把美洲豹引向悬崖，迅速地往高处爬去。由于卷尾猴的攀爬能力超强，又处在生死存亡之际，它们很快爬到了高处，每只猴都搬起

了一块石头。石头哗啦啦地向下滚，美洲豹怒吼一声，不敢再继续向前。美洲豹久攻不下，最后无奈地撤离了卷尾猴的栖息地。美洲豹走后很久，卷尾猴都不敢松懈下来。

非常幸运，史密斯爷爷和三个孩子看到了最精彩的一幕。动物世界里时刻都充满着危险，非常残酷。他们非常感谢和卷尾猴相处的这些天，带给他们那么多的欢乐和惊喜，虽然也有惊吓。

第十三章
寻访野生大熊猫

走在寻找野生大熊猫的路上，龙龙还是忍不住问："我们为什么要跑到这种深山野林里找大熊猫呢？"

鲁约克点点头："对啊，我们干吗要跑到森林里来找野生大熊猫啊？好累啊！在动物园看不也一样吗？而且在动物园里可以边逛边吃零食。"

史密斯爷爷说："因为野生的大熊猫有很多活动是我们在动物园

的大熊猫那里看不到的。"

　　龙龙的好奇心立刻被勾出来了："它们有什么活动是动物园里看不到的？"

　　史密斯爷爷想了想说："我举个例子吧。你们觉得动物园里的大熊猫可能和它的天敌住在一起吗？"

　　三个小孩子想了想，都很认真地摇摇头："动物园的叔叔阿姨不会把它们安排在一起的。"

　　史密斯爷爷继续说："是啊，但在野外，大熊猫的生活就没那么

安逸了。"

听到这里，龙龙懂了："野生大熊猫需要和天敌抗争，要防御天敌才能更好地生存下来。"

史密斯爷爷点点头："另外，它们还得自己寻找食物和水。"

龙龙又问："那么，大熊猫的天敌都有哪些呢？"

"我记得书上说过，在野外，健康的成年大熊猫好像没有什么天敌。不过，有种叫黄喉貂的动物会威胁到大熊猫幼崽的生命。"安娜想起自己曾经看过的内容，就说了出来。

"安娜说的基本都对。听说人们在第三次全国大熊猫调查中发现，唐家河国家自然保护区的大熊猫保护得很好，可是那里的大熊猫繁殖很慢，但那里的扭角羚却繁殖得很快。人们最终发现，在扭角羚很活跃的地方几乎没有一只大熊猫。所以扭角羚在一定程度上也可以算是大熊猫的天敌。"史密斯爷爷看了看听得很认真的三个人，继续

说道，"有些时候，老虎、豹这些动物也会攻击大熊猫当中的老弱病残个体。"

这时，安娜用手指指了指自己和其他三个人说："其实，大熊猫还有一种更可怕的天敌。"

龙龙看着安娜的手指也反应过来了："是人类。"

安娜点点头："我从书上看到过，我们人类总是砍伐森林，害得大熊猫的栖息地每年都在不断减少。"

龙龙也想到了一点，说："有些时候，有些人还会盗猎、捕捉大熊猫，残忍地杀害它们，剥下它们的皮，走私大熊猫皮张标本。"

说到这里，大家都忍不住起了一身的鸡皮疙瘩，都对做坏事的人

表示反感。

忍不住拿出零食吃的鲁约克想了想也提出了自己的一个想法：
"大熊猫栖息地刚好有矿产可以开发，那些只追求经济利益的人，由
于不合理地开发矿产，导致环境受污染，害得野生大熊猫没办法好好
生活。"

"你们说得都差不多了，不过爷爷还要补充几句，你们想听
吗？"史密斯爷爷又卖起了关子。

三个小孩子大喊起来："要啊，当然要。"

史密斯爷爷说："大熊猫种群现在被隔离在约25个岛状的生存
环境中，造成大熊猫在小群体内进行近亲繁殖，这样会降低它们的
繁殖力、成活率，就连抵抗疾病的能力也降低了，生存下来的就更
少了。"

史密斯爷爷又补充了一点："人类活动的范围变大了，野生大熊
猫只能被迫生活在山顶上。那里的竹子种类很少，野生大熊猫很难找

到有多种竹子的栖息地，而竹子一旦开花、死亡，野生大熊猫就要挨饿了。"

三个孩子觉得心情很沉重，但还是点点头表示明白了，继续往山上走。

走了一段路程后，史密斯爷爷突然又开始考孩子们了："这个森林这么大，我们该怎么找大熊猫呢？"

龙龙立刻回答说："去有竹子的地方找，肯定就能找到了。"说完还一个劲地跑到前面，看哪里有竹子，就往哪里走。

史密斯爷爷说："的确是该往有竹子的地方去，不过大熊猫生活不能只靠竹子啊。"

安娜想了想说："我看过一本书，书上介绍说大熊猫的生活离不开四个条件，首先要冷暖适合，其次它们住的地方要山高谷深。接着

由于它们喜欢吃竹子，所以它们生活的地方要有很多竹子。最后一个是所有生物都离不开的，那就是它们必须得生活在有水的地方。"

史密斯爷爷欣慰地点点头："说得不错。"然后又对另外两个孩子说，"你们也该好好看看书，这样你们也能做到'秀才不出门，能知天下事'了。"

龙龙和鲁约克只好边点头，边偷偷吐吐舌头。

过了一小会儿，鲁约克说："原来大熊猫对生活环境的要求也挺高的。不过，它们为什么喜欢吃竹子呢？竹子恐怕不好吃吧。还有，只吃竹子会不会营养不良啊？"

安娜笑着回答说："大熊猫吃的竹子的种类很多啊。高山地区的各种竹子，熊猫几乎都吃的，而且它们偶尔也去吃肉，比如动物的尸体、竹鼠。另外，它们吃竹子也不是哪个部分都吃，而是选择最有营养、含纤维最少的部分吃，比如嫩茎、嫩芽和竹笋。"

听到这些，一直跑在前面的龙龙也忍不住问道："要是竹子死了，熊猫吃什么呢？"

安娜这回就有点回答不出来了，也跟着转头看向史密斯爷爷，希望史密斯爷爷能够帮忙回答。

史密斯爷爷边赶路边说："熊猫通常栖息在至少有两种竹子的地方。这样，当一种竹子开花死亡时，大熊猫还可以吃另一种竹子。"

这下三个孩子都了解到一些关于大熊猫的知识了，于是更加奋力寻找大熊猫的栖息地。

四个人一直努力地寻找大熊猫，这时，一直在前面的龙龙突然大声叫了起来："熊猫，我看到熊猫了！"

其他三个人的目光随着他手指的方向看去，真的看到了一只动物，身高差不多1米，外表看起来像熊，尾巴挺短的，头、胸、腹、背、臀都是白色的，四肢、两只耳朵、两个眼圈都是黑褐色的，毛又粗又厚。果然是一只大熊猫！

安娜和鲁约克也连忙跑到前面去看，就剩下史密斯爷爷一个人在后面感叹："人老咯，跑不起来了。"

三个小孩连忙跑回来，两个人拉着史密斯爷爷的手，还有一个在后面推史密斯爷爷，加快他的速度。惊得史密斯爷爷大喊："慢点！慢点！"

终于看到大熊猫了，本来就很兴奋的四个人越走近大熊猫，心里越高兴。

可爱的大熊猫让他们想到了更多，离开前，他们决定要想办法呼吁更多的人来保护野生大熊猫。

第十四章
在森林的小溪中寻觅娃娃鱼

　　走在寻找娃娃鱼的路上，龙龙忍不住说："娃娃鱼是不是《射雕英雄传》中出现的那种鱼？黄蓉说之所以叫娃娃鱼，是因为它的叫声很像小孩子的哭声，在桃花岛，有一大堆那种鱼呢。"

　　安娜连忙纠正："娃娃鱼之所以叫娃娃鱼，的确是因为它的叫声像小孩子的哭声。可是它不是鱼，它的学名叫大鲵，别名还有啼鱼、

狗鱼。但它是两栖动物，小时候用鳃呼吸，长大后是用肺呼吸的。"

史密斯爷爷又开始提问了："我们该去哪里寻找它们呢？"

龙龙说："会不会是河边？"

"为什么是河边呢？"史密斯爷爷问。

龙龙连忙回答："两栖动物不就是既能生活在水中又能生活在陆地上的吗？那就是河边了。"

安娜听到这儿忍不住笑了笑，说："娃娃鱼对生活环境要求很高，基本上海拔要在200米到1500米，溪河必须要水流湍急、水质清凉，还要有很多石缝裂隙和岩石孔洞。"

鲁约克无奈道："又得爬山？"

史密斯爷爷摇了摇头，安慰鲁约克："有可能只爬200米啊。"

鲁约克突然想到一件事，似乎腿也不软了："娃娃鱼好不好吃啊？"

安娜一听就有点生气了："你怎么可以想到吃娃娃鱼呢？你怎么忍心吃它们？"于是决定不告诉他。

史密斯爷爷看出单纯善良的安娜是不忍心让娃娃鱼被吃掉，一方面想普及知识，一方面也想帮帮安娜，于是想出了一个好办法。他说："娃娃鱼很好吃的，它的肉质细嫩肥腴，吃起来特别鲜美。一方面，它含有丰富的蛋白，被称为美颜美白圣品，可以延缓衰老；另一方面，它的肝具有清肝明目、清热解毒、补血益气的作用。娃娃鱼的胃也是一大补品，吃了后可以提高人体胃的抵抗能力，还能用来治胃病。它的皮粉拌桐油还可以治疗烧伤、烫伤，甚至不会留下疤痕。"

鲁约克本来因娃娃鱼好吃而很高兴，可是听史密斯爷爷一口一个吃它的肉、吃它的肝，一会儿又到吃它的胃，似乎真的有种反胃的感觉。这样可爱的娃娃鱼，还真是让人咽不下去啊。

　　史密斯爷爷看鲁约克的表情就知道自己的办法奏效了，接着说："不过，现在它已经是国家二级重点保护野生动物了，是野生动物基因保护品种。而它成为保护动物，一方面是因为它的心脏构造特殊，已经具有爬行动物的一些特征，具有特殊的研究价值；另一方面就是因为它的味道太好，有很多人都想吃，所以遭到了太多的捕杀。"史密斯爷爷又看了鲁约克一眼，"你还忍心吃吗？"

　　鲁约克想了想说："那我不吃了，反正各种各样的补品多的是，各种美味可口的食物也多的是。"

　　龙龙想了想，赶紧帮忙转移话题："既然娃娃鱼的叫声这么可爱，那娃娃鱼肯定长得很小、很漂亮、很可爱吧？"

　　安娜说道："不是，娃娃鱼是两栖动物中体型最大的，全长甚至可以超过1米呢，体重也可以超过50千克，这么大的娃娃鱼应该算不

上可爱了吧。"

史密斯爷爷觉得爱看书的安娜真了不起，便说："你们看安娜，读书多认真！"

安娜听了史密斯爷爷的表扬很高兴："谢谢爷爷。"

史密斯爷爷笑了："你还知道关于娃娃鱼的事吗？再给他们介绍一点吧。"

安娜想也不想，随即介绍道："娃娃鱼外表看起来有点像蜥蜴，不过，它比蜥蜴更肥，而且它身体的前部分是扁平的，到尾巴那里就是侧扁的了，嘴巴挺大的，眼睛却不好看，连眼睑也没有。它身体的两侧也不光滑，皮肤上有褶皱，四肢又短又扁，有一点点的蹼。反正，我不觉得娃娃鱼长得可爱。"

史密斯爷爷补充道："嗯，你说得差不多了。不过还有一点可以补充。娃娃鱼的尾巴是圆形的，尾巴上有鳍状物。它的体色可以随着环境的不同而变化，不过在大多数情况下是灰褐色的。虽然说它的身体两侧有明显的褶皱，但总体上还是很光滑的。就像你刚才说的，娃娃鱼是两栖动物而不是鱼，它的身上也没有鳞，不过有各种各样的斑纹，而且它全身布满了黏液，腹部的颜色挺浅的。"

鲁约克发表自己的意见："想象一下，这娃娃鱼长得真不好看啊。"

龙龙却很兴奋："我真的好想看看这娃娃鱼到底是什么样的，如果可以，我想抓两只来抱抱。"

一听到这儿，安娜又被吓到了，提高嗓门道："别，你可千万别

乱抱它们！"

龙龙被安娜给吓了一跳："怎么了？抱完后我会放回去的，放心吧，我不会伤害它们的。"

安娜顺了顺气，说："你不会伤害它们，可它们会伤害你。娃娃鱼是食肉动物，习性很凶猛。你们不知道，它们的牙齿又尖又密，什么东西一旦被它们咬住，可是很难逃走的。虽说娃娃鱼耐饿，可以不吃东西就在清凉的水中待上两三年，可是它们也会暴食，甚至饱餐一顿就会直接增加五分之一的体重。它们咬到食物后，就会直接将食物吞下肚子，在胃中慢慢消化。"

龙龙问："他连我们人类都敢咬吗？"

安娜点点头："为什么不敢咬人啊？它们要是真的饿了，连同类都会吃呢！"

鲁约克也被吓到了："它们好狠啊。"

安娜继续给他们补充知识："它们有时连自己的卵都吃。"

鲁约克看着史密斯爷爷，那模样就像在问安娜说的是不是真的，安娜有没有说错。

史密斯爷爷一点也不犹豫："安娜说得全对。"

鲁约克和龙龙相视无语。

不过，过了一会儿，龙龙忍不住又跑到了队伍的最前面，想快点看到娃娃鱼。

最后，走了好几个小时的四人组终于看到声音可爱，但长得不可爱，性格更不好的娃娃鱼了。

第十五章

和野猪赛跑

这回，在去找野猪的路上，就连一向喜欢跟在队伍后面边吃零食边赶路的鲁约克都变得活跃了，更不用说生性调皮的龙龙了。

龙龙走在队伍的前面，不时边走边转过头，与小伙伴们聊野猪方

面的知识：“你们知道野猪和家猪的区别吗？”

史密斯爷爷知道这是龙龙在谈自己读书的体会，显得很高兴，便故意说：“哦？野猪和家猪还有区别？家猪是驯养的野猪，都是猪，能有什么不同呢？那就让龙龙给我们讲几句吧。”

龙龙说：“首先要讲清概念，也就是要说明什么是家猪，什么叫野猪。概念讲对了，才不会产生歧义！”

安娜看着龙龙一本正经的模样，忍不住笑了：“赶快进入正题吧！”

龙龙说：“家猪是养在家里的猪，野猪是生活在野外的猪。因为它们生活的环境不同，于是就有很多不同。”

龙龙伸出一根手指说：“第一个不同之处是体重不同。野猪长大后体重一般只有一两百千克，可是家猪最大可以长到五百千

克左右！"

　　龙龙伸出两根手指，继续说："第二个不同之处是，野猪四肢细长，皮厚，毛粗而且很硬，毛量很多；而家猪的四肢又粗又圆，皮很薄，毛也又少又软。"

　　龙龙伸出三根手指，接着说："第三个不同之处是，野猪总是白天休息，晚上出来活动，它们很凶猛。而家猪则是白天活动，晚上睡觉，性格很温顺。噢，我差点忘了，还得补充说明一点：野猪发育缓慢，晚熟，一年只能生一次猪宝宝；而家猪发育迅速，早熟，一年可以生两次猪宝宝。"

　　听了龙龙的介绍，史密斯爷爷点点头说："龙龙，你从不喜欢看书，能静下心来看这些知识，真是大有进步。不过，你刚才说的'野猪会晚上出来活动'，目前尚没有定论，也就是说还没有科学依据。但野猪在早晨和黄昏时出来活动、找食物，是有根据的。"

　　龙龙点点头表示自己知道了，但又举手说："对了，我还要补充一点，就是第五点了：野猪喜欢群体活动，它们总是4～10头一起活动，很喜欢在泥水里洗澡。为了更好地自卫，会花很多时间在树桩、岩石上摩擦身体的两侧，使皮肤被磨得更加坚硬，但家猪就不会或很少会这样做。"

　　史密斯爷爷听得连连点头，他本来就喜欢龙龙的调皮可爱，现在看他一本正经的样子，心中更加喜欢："嗯，你讲得很不错，以后要继续加油哦。"

龙龙得到史密斯爷爷的称赞，特别开心，似乎更有劲了，继续冲在队伍的最前面。

　　鲁约克也举起小手说："我还知道家猪与野猪的一个区别，你们可能都不知道吧？"

　　史密斯爷爷觉得有些奇怪，便说："你说吧，我们都仔细地听着呢。"

　　鲁约克严肃地说："我觉得野猪肉很好吃，比家猪肉好吃多了，而且野猪肉还有药用价值呢！如果怕有腥味，把它像咸肉一样制作就没事了。"

　　龙龙问："野猪肉有什么药用价值呢？"

鲁约克挠了挠脑袋，说："让我想一想。哦，是这样的，野猪的肚，也就是猪胃，性微温，味甘，可以治疗胃炎，健胃补虚。而且，目前为止还没有过野猪因为吃到有毒物质而中毒的报道，因此人们认为，野猪的胃是百毒不侵的。

"我还听说，野猪吞下毒蛇之后，毒蛇的毒牙仍会咬住野猪胃的内壁。但野猪却会自己疗毒，使伤口愈合，只在胃的表面留下一个'疗'点。这种'疗'点越多，野猪肚的药用价值就会越高。当然，要用正确的方法来做野猪肚，才可以最大限度地保持野猪肚的药用价值和营养成分。"

史密斯爷爷说道："你说得很对，野猪肚确实可以帮助消化，促进新陈代谢，可以在一定程度上治疗胃出血、胃炎、胃溃疡等毛病。"

龙龙想了想，还是提出了自己的疑问："既然野猪比较喜欢早晨出来活动，我就能理解咱们为什么要这么早就出来了。可是，这么早，野猪的天敌，例如虎、狼、熊、豹等会儿出来吗？"

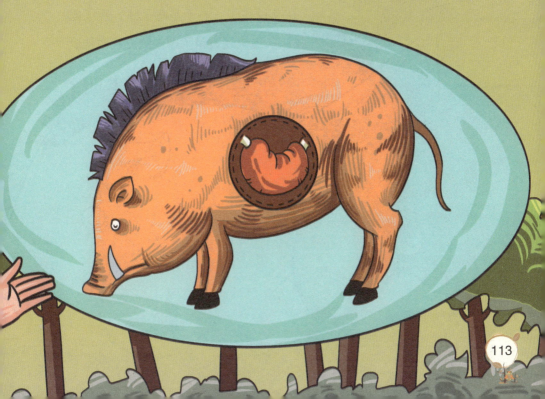

安娜直接问："你是不是希望它们出现，好一饱眼福啊？"

龙龙毫不犹豫："当然了，我好想看看真实世界中的虎、狼、豹哦。"

安娜据实回答："虽说很多时候虎、豹都是白天睡觉，可是有些时候还是会白天出来活动的。"

龙龙这回是兴奋到顶了："真的？我一定要抓紧机会看看。"

鲁约克有点怕被老虎吃掉，赶紧转移话题："家猪有我们喂它食物，那野猪吃什么呢？"

龙龙笑了："你还真是三句不离吃呢。"

安娜笑了笑，还是回答了鲁约克的问题："野猪不挑食的，只要能吃的它们都吃。"她看了看鲁约克，继续说道，"和你有点像哦。"

这下，龙龙、安娜和史密斯爷爷都笑了。

看他们笑得这么欢快，鲁约克有点不好意思了，连忙再次转移话题："那它们都住在哪里啊？"

龙龙笑得更欢了："刚说了吃，现在又说住了，是不是吃了睡，睡了吃呢？"边说还边蹭了蹭鲁约克，对他眨了眨眼。

还是安娜来回答这个问题："冬天，它们喜欢住在向阳坡的栎树林中。一个原因是向阳坡很温暖；另一个原因是落叶下有很多橡果，野猪可以靠它们度过冬天。夏天，野猪就喜欢住在离水近的阴坡山杨林、白桦林这些地方了。一方面是因为阴坡很凉快；另一方面，那里用水方便，也可以很方便地找到食物。"

鲁约克觉得野猪很可怜："它们只能吃那些果子吗？"

安娜有点疑惑了，自己说过野猪只能吃果子吗？"不是啊，刚才不是说了，只要能吃的它们都吃吗？青草、土壤中的蠕虫、鸟蛋、雏鸟、老鼠、兔子……这些都可以成为野猪的食物呀！"

这回鲁约克不觉得野猪可怜了："那它们可以吃的东西说不定比我们人类还多呢，一点也不可怜！"

龙龙突然想到一件事："野猪好像会气功哎！"

安娜这回感觉疑惑了："怎么说？"

龙龙说："听说是在欧洲阿尔卑斯山上的野猪们，冬天为了尽快下山找食物吃，就会运气，让身体变成圆桶的样子，直接滚下山。最神奇的是不管山多陡，石头多硬，都不会伤到它们的筋骨。"

安娜又想到了一点，说："对了，还有人说，在太平洋中部的一

115

些礁石岛上也生活着不少的野猪，当它们没有足够的食物时，就会在浅海里游泳，捕鱼来吃。"

龙龙吃惊地说："哇，会捕鱼的野猪，真是太酷了！"

"咦？那野猪怎么在往我们这边跑啊？"旁边传来鲁约克疑惑的声音。

"我们赶紧跑吧。"史密斯爷爷连忙出声。

龙龙觉得奇怪："为什么啊？"

史密斯爷爷边跑边说："因为你穿了红色的衣服啊！"

安娜也忍不住喊了起来："野猪看到红色的东西就会发怒！"

为了防止被凶神恶煞的野猪攻击，四个人赶忙和野猪赛跑起来。

第十六章
可爱的金丝猴

　　史密斯爷爷带着三个孩子在林中走着，突然看到树上有一只毛皮全是金色的猴子。史密斯爷爷说："孩子们，快看！多漂亮的一只猴子，你们知道这是什么品种的猴子吗？"

　　安娜想了想说："爷爷，莫不是金丝猴吧？"

史密斯爷爷说："安娜真聪明，这就是金丝猴！金丝猴是中国人的叫法，缘于这种猴子身上有着金黄色的皮毛。此外，金丝猴还有其他名字，比如长尾巴猴、仰鼻猴等等。"

"原来是这样啊！金丝猴，这个名字真好！"鲁约克说。

树上的金丝猴看着龙龙他们在交谈，也开始叽叽喳喳地交谈起来。可能是发现来人不会伤害自己，对它们还十分友好，猴子们也不再胆怯了，开始在树上蹦蹦跳跳玩耍起来。最引人注目的是一只巴掌大的小猴，它被母亲牢牢地抱住，就像妈妈抱着自己刚出生的宝宝。

看到这对金丝猴母子，安娜动情地说："小猴子好幸福啊！躺在妈妈的怀里，又温暖又舒服又安全！"

史密斯爷爷说："是啊，母爱在灵长类动物中显得非常突出。金丝猴是灵长类动物，金丝猴妈妈很疼爱自己的孩子，小金丝猴一出生，妈妈便把它紧紧地抱住，不让它离开自己的怀抱，就算是小金丝

猴的爸爸也不能抱走它。"

史密斯爷爷接着说："小金丝猴爸爸也想亲近小金丝猴，为此常常会对小金丝猴妈妈做出许多讨好的动作，比如给她梳理毛发等。可是小金丝猴妈妈不为所动，连摸一下小金丝猴都不行，更不要说让它抱了。而且，小金丝猴妈妈抱着小金丝猴时，常常会背对着自己的丈夫，看上去非常有趣。所以金丝猴爸爸是十分可怜的！"

"那我长大了可不要当金丝猴爸爸那样的爸爸！"鲁约克说。

龙龙、安娜听鲁约克这样说，哈哈大笑起来，安娜笑着对鲁约克说："原来你是一只金丝猴！"

鲁约克说："抗议，你们是

在歪曲我的话！"

几个人继续观看金丝猴在树上嬉戏玩耍，这时，他们看到一群金丝猴正围着一只健壮的金丝猴，不知道是在做什么。

龙龙失声说："猴王！那是一只猴王！快看！"

史密斯爷爷说："对啊！那是这一群金丝猴的猴王。猴王在群猴中有权威，享有特权。过去曾有一则新闻报道，是关于猴王的。

"一群金丝猴跑到果园里去偷果子吃，被人们发现了。人们追打这些金丝猴，于是它们便开始逃走。前面有一条河沟，大金丝猴一下子就跳过去了，小金丝猴却跳不过去，在河沟边急得直叫。这时，猴王下令，让大金丝猴回去把小金丝猴抱回来。一只大金丝猴没有抱紧，怀里的小金丝猴落到了河沟中，几只大金丝猴立刻跳进河沟去救小金丝猴。小金丝猴被救上来后，猴王找到那只犯错的大金丝猴，啪啪打了它两个耳光。大金丝猴知道自己有错，低着头不敢反抗。"

鲁约克说："我要当猴王！"

龙龙、安娜听到鲁约克这样说，哈哈大笑了起来。龙龙说："鲁约克，你不会真以为你是只金丝猴吧？"鲁约克看看大家，做了个鬼脸，也开心地笑了起来。

安娜问："爷爷，我们在哪些地方可以看到金丝猴呢？为什么很少见到金丝猴呢？"

史密斯爷爷说："金丝猴一般生活在海

拔1500～3000米的高山森林中，那里的森林植被是垂直分布的，有亚热带的常绿植物，也有落叶阔叶林，还有高处的针叶林等。当季节发生变化时，金丝猴就会在森林中垂直移动，到植被比较茂盛的地方生活。所以人们不能经常看到金丝猴，因为金丝猴喜欢在大山里过自己的生活。"

"它们好像隐士呀！"龙龙说。

"我也这么认为。我觉得猴子和我们人类最像了！所以称它们为'隐居在山里的人'也不为过啊！"安娜说。

正在这时，一只金丝猴朝鲁约克投来一个果子，鲁约克愤怒道："你们怎么这么野蛮呢？"

安娜笑着说："鲁约克，金丝猴是在请你吃果子呢！"

灵长类动物

灵长类动物属于哺乳动物，包括猩猩、猴子等。灵长类动物大脑发达，一般比其他动物更聪明。另外，绝大多数灵长类都栖息在树上，每根手指都能够单独活动，它们的拇指还能与其他各根手指对握。

鲁约克一听，转怒为喜，捡起地上的果子开心地吃起来。

"金丝猴为大自然增加了欢乐，但它们却面临着种种的威胁，让我们行动起来保护金丝猴，保护大自然吧！让金丝猴成为我们人类忠实的伙伴，和我们欢乐与共，共同生存！使人类和动物之间更加亲密！"史密斯爷爷大发感慨。

孩子们齐声喊道：

"好的，让我们保护金丝猴！保护大自然！"

金丝猴们叫得更欢了，好像在感谢龙龙、安娜和鲁约克呢！

走出原始森林，孩子们的假期也将结束了，史密斯爷爷带着孩子们乘飞机回国了。